餐桌上的異國料理

從沙拉學到甜點，擺盤美學、器皿搭配、套餐設計一次GET！

五南圖書出版公司 印行

CONTENT

PART 1 各國料理基礎

═══ 單元一 ═══
各國料理特色概述

　　各國美味料理你知道如何品嚐？如何享受箇中風味嗎？了解各國的飲食特色，就能更融入美食、享受美味，又能抓住料理重點輕鬆做，讓世界外地的朋友也感受到濃濃的家鄉味。

• 浪漫的法式料理

　　法國料理的特色，在於使用新鮮的季節性材料，選用上偏好牛肉、羊肉、海鮮、蔬菜、田螺、松露、鵝肝及魚子醬等高級食材，醬料也是法式料理中的精髓，再加上廚師個人的獨特料理，透過視覺、味覺、嗅覺上的呈現，完成一道道獨一無二的藝術品。

• 優雅的義式料理

　　義式料理同樣講究食材新鮮，像是生鮮魚貝類、蔬果、起士乳酪等，都是料理常用的食材，而起士種類就高達上百種。

　　最常使用橄欖油、番茄、大蒜、羅勒、紅白酒醋及香料等加入調味，其分量多、味道偏重，是義大利菜的普遍特色。義式料理強調融合大自然的用餐氛圍，烹調也多講求原味、崇尚自然，以保留完整的健康營養為主。

• 愜意的美式料理

美國人為了節省時間，發展出各式各樣簡單方便的料理，如：漢堡、薯條炸品等。美式餐廳與其他西式餐廳最大的不同，是用餐環境總能帶給用餐者輕鬆的用餐氣氛。由於美國人食量多較東方人大，因此，美式料理重點就是分量大，以及在簡單食物上加入大量重口味的醬料。

• 繽紛的日式料理

日本料理的特色為清淡、少油膩、精緻、營養、著重視覺、味覺與器皿之搭配，在日本料理中都少不了日式高湯（DASHI），所以熬對高湯非常重要。

常見的料理有生魚片、拉麵、壽司、炸物等，無論是哪一道料理都非常令人垂涎三尺。

• 懷舊的台灣料理

台灣因地處亞熱帶地區，蔬菜、水果種類繁多、香甜可口，加上四面環海，海洋資源豐富，海產鮮美豐饒，並且有許多知名夜市小吃。台灣料理的另一特色是以中藥材熬燉各種食材作為藥膳食補，也是台灣飲食的習慣之一。

不管你是走進餐廳享受異國美味、或是嘗試自己動手做異國料理，都可以透過對各國文化的了解，來結合料理的特性，即可掌握異國料理的美味精髓！

單元二
香料及器具簡介

2.1　香料及材料介紹

月桂葉（Bay Leaves）

燉煮料理必備的重要香料之一，從高湯到燉菜都少不了它的存在。東南亞、南亞地區的各種咖哩，月桂葉都參與其中；尤其以歐洲、地中海地區的菜餚最常見，堪稱西式料理的調味基底。

杜松子（Juniper Berry）

在北歐，可以被當成食物、草藥或料理香料。在西餐中，通常搭配肉類一起烹調，另外琴酒也使用杜松子作為釀酒的原料。

白胡椒粒（White Pepper）

白胡椒具有細緻內斂的特色，適合搭配味道比較重的食材，像是肉類的醃料或海鮮湯的調味料，台灣常見的酸辣湯，白胡椒也是主要調味料之一。

黑胡椒粒（Black Pepper）

具備濃郁辛辣味的黑胡椒，適合搭配牛肉、燉飯、焗烤各式料理，但因其中的胡椒產生的精油容易遇熱而揮發，而加熱太久會使辛辣與香氣散失，所以烹飪時，盡量在快要起鍋前把黑胡椒加入。

綠胡椒粒（Green Pepper）

常使用在泰國或東南亞料理中，會越煮越辣，它的味道清新芳香，適合烹調味道比較重的肉類食材。

紅胡椒粒（Red Pepper）

目前市面上大部分的紅胡椒並非真正的「胡椒」，而是另一種巴西胡椒樹的漿果，因為形狀和大小很類似，而取名為紅胡椒，料理時有淡雅精緻的香氣，適合拿來搭配海鮮、水果類等食材。

小茴香籽（Cumin Seeds）

又稱孜然，與羊肉料理非常契合，是印度非常常見的香料之一。

肉豆蔻（Nutmeg）

多用於以鮮奶油、牛奶和雞蛋為主的甜點和菜餚中，若加熱過久，風味容易流失。

迷迭香（Rosemary）

為地中海料理中常見的香料之一，常用於醃肉及燉肉類等料理，煎牛排時，加入此香料一起烹調，可增加牛排風味。

百里香（Thyme）

原生產於法國普羅旺斯，是法國名菜馬賽魚湯（Bouillabaisse）必備的香料，幾乎適合搭配所有的食材使用。

肉桂棒（Cinnamon）

溫暖辛甜，常用來調製甜點，蘋果料理中裡少不了它來提味。不管你熱愛或害怕肉桂，對於那特殊的風味絕對不陌生。

丁香（Clove）

帶有香氣，味道也有些許辛辣，可以加入清淡的料理中賦予它不一樣的層次，例如：雞高湯或是白醬等。

陳皮（Orange Peel）

橘子皮乾燥後的產物，煲湯、褒粥、做醬汁加一小片下去都能增加食物的風味。

八角（Star Anise）

中國菜及東南亞菜常使用的香料之一，味道極為濃烈，使用時，需非常注意用量。

檸檬葉（Lemon Leaf）

在泰國料理的運用上非常的廣泛，香氣十分特別，烹調咖哩有關料理時，可以加入一起燉煮。

煙燻匈牙利紅椒粉（Smoke Paprika）

在市面上通常分為四種味道（煙燻味、辣味、甜味、原味），此香料能賦予食材顏色及風味。

2.2 器具及工具介紹

木匙

攪拌及加熱食物用。

打蛋器

攪拌或是打發蛋白用。

煎鏟

煎肉或是煎魚翻面用。

橡皮刮刀

通常有分成可加熱及不可加熱用，使用前需確認能否耐熱。

量匙

有15公克、10公克、5公克、2.5公克四種容量。

量杯

可用來裝水或是裝高湯。

削皮刀

可用來削蔬菜水果的皮。

湯匙

試吃或是攪拌用。

叉子

試吃用。

過濾網

可用來過濾醬汁或是高湯。

高湯鍋

有大、小兩種尺寸，可用
來熬煮高湯。

醬汁鍋

有大、中、小三種尺寸，
可用來熬煮醬汁用。

平底鍋

可用來煎煮食材。

砧板

切割食材用。

小刮刀

抹奶油或是擺盤用。

食物調理機及
均質機

可用來打碎食材。

攪拌機

用途很廣泛，比較常用
於甜點。

低溫烹調機

可以長時間控制水溫以達
到恆溫效果，是低溫烹調
專用的機器。

—— 單元三 ——
高湯及醬料製作

3.1　高湯製作介紹

雞骨高湯

材料　雞骨頭1000g、洋蔥300g、西芹150g、
紅蘿蔔150g、白蘿蔔100g、蒜苗50g、
蒜頭30g、白胡椒粒20g、月桂葉2片、
白酒100g、新鮮百里香30g、水3000g

做法　1. 將雞骨頭燙過後洗乾淨，加入其餘所
有材料，使用中火煮滾後，轉成小火
熬煮約一個半小時。

2. 過濾即可。

牛骨高湯

材料　牛骨頭1kg、洋蔥300g、西芹150g、紅
蘿蔔150g、白蘿蔔100g、蒜苗50g、蒜
頭30g、黑胡椒粒20g、月桂葉2片、白
酒100g、新鮮迷迭香20g、水3000g

做法　1. 將牛骨頭燙過後洗乾淨，加入其餘所
有材料，使用中火煮滾後，轉成小火
熬煮約二個小時。

2. 過濾即可。

昆布高湯

材料 昆布80g、柴魚片150g、清酒50g、
水1000g

做法 1. 水加入昆布煮到約80℃後,將昆布撈
　　除,最後加入柴魚片、清酒泡兩分鐘。
2. 過濾即可。

蔬菜高湯

材料 洋蔥300g、西芹150g、紅蘿蔔150g、
白蘿蔔100g、蒜苗50g、蒜頭30g、月
桂葉2片、白酒100g、新鮮百里香30g、
水2000g

做法 1. 將所有材料大火煮滾。
2. 轉小火熬煮約一個半小時,過濾即可。

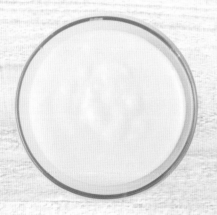

白湯

材料 奶油200g、麵粉200g、鮮奶1000g、鮮奶
油500g、蔬菜高湯1000g、肉豆蔻20g

做法 1. 融化奶油後加入麵粉炒至無麵粉味。
2. 加入其餘材料煮滾,最後加入肉豆蔻過
　　濾即可。

蝦膏湯

材料 蝦頭1000g、番茄糊100g、洋蔥300g、
西芹150g、紅蘿蔔150g、蒜苗150g、
茴香頭150g、蒜頭50g、月桂葉2片、
白蘭地酒100g、新鮮百里香30g、
水3000g、橄欖油100g

做法 1. 將橄欖油依序炒香蝦頭、洋蔥、西
芹、紅蘿蔔、蒜苗、茴香頭、蒜頭、
番茄，待糊後加入白蘭地酒。
2. 小火熬煮濃縮約2個小時，過濾即可。

牛澄清湯

材料 牛臀肉200g、洋蔥150g、紅蘿蔔75g、
西芹75g、蒜苗75g、蒜頭30g、白蘭地
酒30g、白胡椒粒10g、月桂葉一片、柿
餅50g、蛋白兩個、冰水1000g

做法 1. 將所有材料分別切碎。
2. 取一片洋蔥煎成焦化後備用。
3. 將所有材料加入鍋中，一開始中火攪
拌至肉餅浮起後轉小火，約一個小時
用紗布過濾即可。

3.2　醬料製作介紹

金莎醬

材料　鹹鴨蛋黃約15顆、奶油40g、蒜頭15g、
蔥白10g、糖15g、橄欖油10g、鮮奶油
30g、水100g

做法　1. 將奶油加入橄欖油融化後炒香鹹鴨蛋
黃至冒泡，依序加入蒜頭、蔥白、
糖、鮮奶油、水濃縮。
2. 用果汁機打成醬汁即可。

藍莓油醋汁

材料　新鮮藍莓150g、糖50g、檸檬汁40g、
檸檬皮3g、肉桂棒10g、白酒30g、
冷壓初榨橄欖油200g

做法　1. 藍莓加入糖、檸檬汁、檸檬皮、白
酒、肉桂棒熬煮濃縮約20分鐘放涼。
2. 肉桂棒取出後加入橄欖油以均質機打
成油醋即可。

青豆仁醬汁

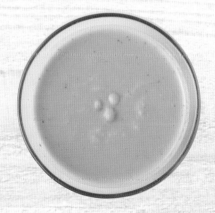

材料　去殼青豆仁180g、鯷魚10g、蒜頭15g、
熟馬鈴薯30g、薄荷葉5g、檸檬汁10g、糖
30g、鮮奶油30g

做法　1. 將青豆仁燙過後，泡冰水。
2. 瀝乾水分加入其餘材料打勻即可。

葡萄柚油醋

材料 葡萄柚80g、柚子80g、糖40g、檸檬汁30g、彩色胡椒碎適量、冷壓初榨橄欖油150g

做法 1. 葡萄柚加入柚子、糖、檸檬汁、彩色胡椒碎熬煮。
2. 濃縮後加入橄欖油打成油醋汁。

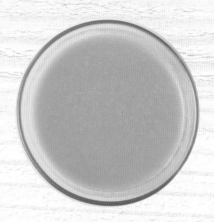

凱薩醬

材料 蛋黃四顆、檸檬汁50g、鹽巴5g、沙拉油1000g、蒜頭80g、洋蔥80g、酸豆60g、鯷魚30g、帕瑪森起士粉200g、芥末籽醬80g、糖100g

做法 1. 蛋黃加入檸檬汁、鹽巴、糖打勻後，慢慢加入沙拉油，打成美乃滋備用。
2. 切蒜頭碎、洋蔥碎、酸豆碎、鯷魚碎後，把水分擠乾。
3. 最後加入帕達諾起士粉、芥末籽醬拌勻即可。

巴薩米克醋濃縮液

材料 巴薩米克醋1000g、紅酒500g、八角2顆、肉桂棒一支、丁香10g、陳皮20g、糖500g

做法 1. 巴薩米克醋加入紅酒、八角、肉桂棒、丁香、陳皮、糖。
2. 煮約2個小時濃稠後，過濾即可。

胡麻醬

材料 白芝麻500g、花生200g、蒜頭80g、味醂60g、米醋60g、醬油60g、香油200g

做法
1. 乾鍋炒香白芝麻、花生。
2. 步驟1加入蒜頭、味醂、米醋、醬油、香油打成醬汁備用。

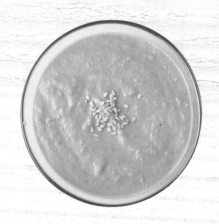

煙燻甜椒醬

材料 甜椒10顆、蒜頭50g、酸豆80g、鯷魚30g、香檳醋50g、糖80g、百里香葉5g、薄荷葉3g、熟馬鈴薯80g、水100g

做法
1. 甜椒用噴火槍烤上色後，泡冰水將皮、籽去掉。
2. 依序加入蒜頭、酸豆、鯷魚、香檳醋、糖、馬鈴薯、水、百里香，煮約至濃稠後挑除百里香。
3. 最後加入薄荷葉，以果汁機打成醬汁即可。

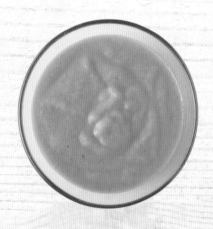

非常泰醬汁

材料 蒜頭40g、香菜20g、朝天椒30g、芒果100g、生飲水100g、泰式酸辣醬120g、拉差醬40g、魚露20g

做法
1. 將蒜頭、香菜、朝天椒、芒果切碎。
2. 步驟1加入泰式酸辣醬、魚露、拉差醬調和成醬汁即可。

和風醬汁

材料　芥末籽醬80g、和風醬油80g、昆布高湯200g、橄欖油100g、米醋50g、味醂60g、洋蔥80g、白芝麻20g

做法　1. 洋蔥切碎擠乾水分備用。
　　　2. 芥末籽醬加入和風醬油、柴魚高湯、橄欖油、米醋、味醂、洋蔥、白芝麻調勻即可。

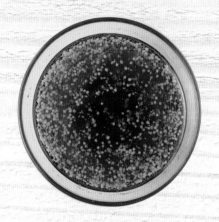

墨西哥莎莎醬

材料　墨西哥辣椒40g、去皮牛番茄120g、柳丁60g、香菜15g、蒜頭20g、檸檬汁20g、辣椒水10g、橄欖油10g、糖10g、鹽巴5g、黑胡椒2g

做法　1. 墨西哥辣椒、去皮牛番茄、柳丁切小丁。
　　　2. 加入香菜末、蒜頭末、檸檬汁、辣椒水、橄欖油、糖、鹽巴、黑胡椒一起調合即可。

青蘋果美乃滋

材料　青蘋果2顆、美乃滋150g、柳丁1顆、糖80g、肉桂棒10g

做法　1. 青蘋果、柳丁切小丁加入糖、肉桂棒熬成果醬。
　　　2. 將肉桂棒撈除，打成泥後拌入美乃滋即可。

白味噌醬汁

材料　白味噌100g、味醂20g、米酒10g、昆
布高湯70g、初榨芝麻油5g

做法　1. 將所有材料煮勻。
2. 最後加入芝麻油即可。

韓式沾醬

材料　醬油40g、辣椒10g、白芝麻30g、韓式
辣椒醬30g、青蔥10g、雪碧60g

做法　1. 將青蔥、辣椒切碎。
2. 加入其餘材料拌勻即可。

義大利青醬

材料　巴西里200g、羅勒200g、香菜100g、蒜頭
100g、帕瑪森起士150g、酸豆50g、松子
50g、橄欖油500g

做法　1. 巴西里、羅勒、香菜挑葉子備用。
2. 將所有材料以果汁機打成醬汁即可。

義大利番茄醬汁

材料 聖馬札諾番茄罐頭2000g、洋蔥600g、蒜頭100g、白酒100g、蘿勒50g、奧勒岡50g、月桂葉5g、水1000g、鹽巴40g、糖150g

做法 1. 將洋蔥、蒜頭炒香至焦糖化後，加入白酒濃縮。
2. 加入其餘材料燉煮約兩個小時後，使用果汁機打成醬汁即可。

泰式蒜味汁

材料 蒜頭60g、紅蔥頭30g、檸檬汁30g、糖30g、香菜15g、辣椒10g、魚露10g、鹽巴3g、水60g

做法 1. 蒜頭、紅蔥頭、香菜、辣椒切碎備用。
2. 加入其餘材料拌勻即可。

美式燒烤醬

材料 番茄醬500g、烏斯特醬油100g、蜂蜜80g、小茴香籽20g、洋蔥100g、蒜頭50g、匈牙利紅椒粉30g、黑胡椒10g、橄欖油30g、蘋果醋60g、水300g

做法 1. 用橄欖油將洋蔥、蒜頭炒香。
2. 加入其餘材料煮約1個小時後，過濾即可。

PART 2 各國料理製作

套餐設計

　　設計套餐時可由用餐目的、情境氛圍及客人需求等多元面向來思考著手，因此精選本書幾道食譜，歸納設計出五種不同風味的套餐作為示範，包含精緻套餐、小酒館套餐、台式創意套餐、日式輕食套餐以及蔬食套餐，分別簡單介紹如下：

精緻套餐
Fine Dining

什麼是Fine Dining？即指精緻的料理，不單單是嘗起來美味，視覺上也令人相當驚艷，能讓客人整套套餐品嘗得非常舒服，感受到料理人的用心，才是好的Fine Dining。

▶▶米蘭式紅酒燉牛臉頰

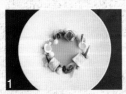

1 ▶▶經典解構式尼斯沙拉

2 ▶▶鹽製鯖魚、青蘋果、青海苔

3 ▶▶番茄冷湯與跳跳糖

5 ▶▶台式提拉米蘇

小酒館套餐
Bistro

這種套餐設計比較適合搭配酒類,分量來說也會比較大份,適合與三五好友一起享用。

4
🍽 西班牙海鮮燉飯

1
🍽 63度嫩雞胸肉佐凱薩沙拉

2
🍽 德式豬腳拼盤與自製酸菜

3
🍽 韓國大醬海皇湯

5
🍽 泰式椰奶布丁鑲南瓜

台式創意套餐
Taiwan Style

以傳統的台灣味做發想,取鹹蛋黃、豬血糕、珍珠奶茶入菜,賦予整個套餐濃濃的台灣味。

4
🍽 古早味麻油雞肉燉飯

1
🍽 金莎醬蘆筍沙拉

2
🍽 炸絲瓜佐金莎醬

3
🍽 剝皮辣椒花雕雞清湯

5
🍽 珍珠奶茶千層蛋糕

日式輕食套餐
Japan Style

日式餐食的口味較為清淡，通常會與生魚做搭配。

4
● 黑嘛嘛炸雞與白味噌醬汁

1
● 日式胡麻菠菜沙拉

2
● 生鮪魚雙味與日式和風醬

3
● 日式土瓶蒸

5
● 日式花朵水信玄餅

蔬食套餐
Vegetable Menu

這是蛋奶素套餐，讓不吃肉的客人也能享受到健康且營養的餐食。

4
▶ 西西里燉菜與千層茄子塔

1
▶ 藍莓油醋堅果沙拉

2
▶ 墨西哥莎莎醬與烤甜椒北非小米沙拉

3
▶ 法式焦化洋蔥湯

5
▶ 義式提拉米蘇

單元
1

沙拉
Salad

金莎醬蘆筍沙拉 🇹🇼

材料 🥣

鹹蛋黃	30g	帕達若起士	20g
美國綠蘆筍	100g	鹹蛋黃醬汁	40g
綠捲鬃	10g	帕瑪火腿	10g
食用花	5g		

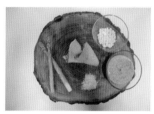

做法 🥄

1. 蘆筍去皮(a)，蒸熟捲入帕瑪火腿(b)，以噴火槍噴上色(c)，蘆筍刨薄片泡冰水備用(d)
2. 鹹蛋黃烤熟磨成粉備用
3. 金莎醬做法參照第015頁
4. 帕達若起士粉小火煎成脆片
5. 擺盤即可

Tips

筍用蒸的營養價值及風味才能完整的保留。

藍莓油醋堅果沙拉 ▶▶

材料 🍲

藍莓	10g	蘿蔓	100g	橄欖油	適量
檸檬	10g	綠捲鬚	20g	鹽巴	適量
綜合堅果	20g	紅蘿蔔	50g	黑胡椒	適量
藍莓油醋汁	80g	綠節瓜	50g		

做法 🥄

1. 藍莓油醋汁做法參照第015頁
2. 綜合堅果烤上色備用

3. 生菜切一口大小，泡冰水脫乾水分備用
4. 紅蘿蔔、綠節瓜切薄片(a)，淋上橄欖油、鹽巴(b)，以70℃烤箱烘烤約6個小時備用

5. 生菜以鹽巴、黑胡椒調味(a)，拌入油醋汁(b)擺盤即可

Tips

生菜冰水泡五分鐘即可，不然容易凍傷影響口感，生菜拌油醋前一定要用鹽巴胡椒調味，才能充分吸收醬汁的味道。

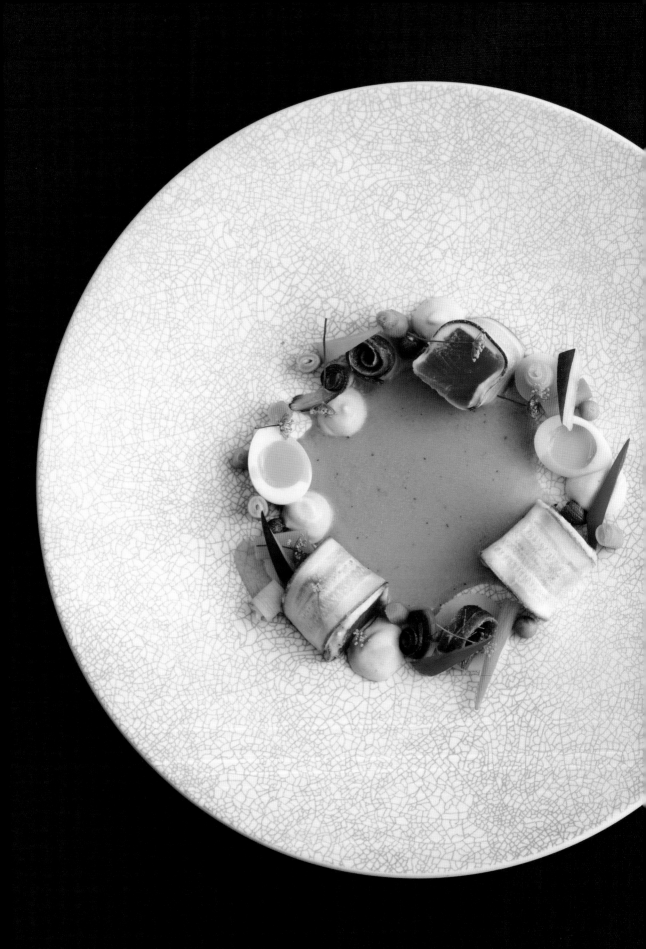

經典解構式尼斯沙拉 ▶▶

材料 🥣

綠節瓜	10g	紅椒	10g
酸豆	1g	黃椒	10g
鯷魚	1g	黃節瓜	10g
鵪鶉蛋	20g	小紅蘿蔔	15g
青豆仁	3g	鮪魚	50g
馬鈴薯	40g	四季豆	5g
青豆仁醬汁	100g		

鮪魚罐頭	120g
酸豆	10g
鮮奶油	80g
鯷魚	5g

做法 🥄

1. 鮪魚醬汁：鮪魚罐頭把油瀝乾後加入鮮奶油、酸豆、鯷魚，打成泥成鮪魚醬汁備用
2. 青豆仁醬汁做法參照第015頁
3. 馬鈴薯用模型切割後蒸熟備用(a)，紅椒、黃椒切絲，泡冰水後瀝乾備用(b)，綠節瓜、黃節瓜、小紅蘿蔔用鹽巴醃製後泡入白酒醋、糖醃製即可(c)(d)
4. 鮪魚抹上鮪魚醬汁(a)，再裹上綠節瓜片備用(b)

3 (a)

3 (b)

3 (c)

3 (d)

4 (a)

4 (b)

5. 擺盤即可

Tips

擺盤時建議使用有深度的盤子去呈現

葡萄柚油醋與冷燻鴨胸沙拉

材料 🥣

鴨胸肉	150g	葡萄柚油醋	60g	糖	150g
葡萄柚	20g	彩色胡椒	適量	杜松子	10g
蘿蔓生菜	80g	鹽巴	適量	月桂葉	5g
彩色小番茄	20g			迷迭香	5g
杏仁片	5g	【醃製鴨胸香料】		陳皮	3g
馬斯卡彭乳酪	30g	粗鹽	150g		

做法 🥄

❶ 鴨胸肉醃粗鹽、糖、杜松子、月桂
葉、迷迭香、陳皮一天後放置冰箱
風乾兩天(a)，將鴨胸抽真空(b)，
以56℃低溫烹調約45分鐘(c)，鴨
胸放入真空袋(d)，以蘋果木煙燻
30分鐘(e)，切片備用即可(f)

❷ 葡萄柚油醋做法參照第016頁

❸ 馬斯卡彭乳酪加入彩色胡椒調味
後捲鴨胸片備用

❹ 生菜泡冰水後，瀝乾水分以鹽巴、
彩色胡椒調味後，拌油醋汁擺盤
即可

Tips

如喜歡鴨皮焦香的口感，也可以低溫烹調完後再煎一下鴨皮再醃燻，風味會有所不同。

63度嫩雞胸肉佐凱薩沙拉🇺🇸

材料 🥣

雞胸肉	80g	羅曼	80g	吐司	30g
蒜頭	30g	美生菜	40g	培根	15g
迷迭香	15g	綠捲鬚生菜	20g	凱薩醬	80g

做法 🥄

1. 真空袋加入雞胸肉(a)，加入蒜頭、迷迭香(b)，加入鹽巴、黑胡椒、橄欖油醃製(c)，以63度水溫煮約一個半小時後切片備用(d)

2. 凱薩醬做法參照第016頁

3. 生菜泡完冰水瀝乾水分後，拌入凱薩醬備用

4. 吐司切丁以奶油炒香(a)，培根切碎，炒香即可擺盤(b)

1 (a)

1 (b)

1 (c)

1 (d)

3

4 (a)

4 (b)

Tips

低溫烹調後的雞胸肉可以冷凍保存約三個月，很適合烹調好放在冰箱，想吃的時後拿出來退冰。

超簡易自製乳酪與卡布里沙拉

材料 🥣

奶油生菜	60g	【瑞可達起士】	
巴薩米克醋濃縮液	50g	牛奶	1000g
彩色番茄	50g	檸檬汁	60g
蘿勒	10g		
櫻桃蘿蔔	3g		

做法 🥄

1. 牛奶加熱至85℃後關火加入檸檬汁(a)，靜置5分鐘使用濾布過濾出瑞可達起士冰鎮備用(b)
2. 彩色番茄切片備用
3. 奶油生菜以鹽巴、黑胡椒調味後，加入巴薩米克醋濃縮液（做法參照第016頁）
4. 擺盤即可

Tips

牛奶煮成起士過濾後，會留下像洗米水一樣的液體，稱為乳清，可以用來保存起士。

非常泰青木瓜沙拉

材料 🥣

紫洋蔥	60g	青木瓜	100g	香菜	10g
紅蘿蔔	40g	花生	20g	非常泰醬汁	50g

做法 🥄

❶ 紫洋蔥(a)、紅蘿蔔(b)、青木瓜(c)切絲，泡冰水瀝乾備用

❷ 步驟1拌入非常泰醬汁（做法參照第017頁）

❸ 花生炒香備用

❹ 擺盤即可

Tips

蔬菜絲冰水不能泡超過十分鐘，以防蔬菜凍傷影響口感。

日式胡麻菠菜沙拉

材料 🍚

菠菜	300g	柴魚片	5g	
白芝麻	10g	胡麻醬	80g	
芝麻葉	20g			

做法 🥢

❶ 水鍋加鹽巴(a)，加入菠菜川燙熟(b)，泡冰水冰鎮，擠乾水分(c)，用保鮮膜捲起備用(d)

❷ 芝麻菜泡冰水後瀝乾備用

❸ 胡麻醬做法參照第017頁

❹ 擺盤即可

Tips

菠菜要先燙根部再燙葉子的部分熟度才會均勻。

牛油果和風海鮮沙拉

材料 🍲

牛油果	120g	透抽	80g
檸檬	15g	和風醬汁	50g
香菜	5g	綠捲鬚生菜	20g
草蝦	80g		

做法 🥄

❶ 牛油果切丁(a)，加入檸檬汁、香菜、鹽巴、黑胡椒備用(b)

❷ 草蝦、透抽燙熟後(a)，泡冰水(b)，再切丁備用(c)

❸ 和風醬汁做法參照第018頁

❹ 擺盤即可

Tips

牛油果切完後一定要先淋上檸檬汁，以防氧化。

墨西哥莎莎醬與烤甜椒北非小米沙拉

材料 🍲

紅甜椒	150g	松子	20g	墨西哥莎莎醬	50g
洋蔥	60g	葡萄乾	20g	山蘿蔔葉	適量
蒜頭	30g	北非小米	100g		

做法 🥄

1 洋蔥、蒜頭切碎備用

2 甜椒烤上色(a)，去皮切丁備用(b)

3 炒香洋蔥、蒜頭後加入松子、葡萄乾

4 水滾後倒入北非小米中，悶五分鐘，加入步驟2拌勻即可

5 墨西哥莎莎醬做法參照第018頁

6 擺盤即可

Tips

甜椒用噴火槍噴炙焦黑後再泡入冰水，才容易去皮。

單元
2

前菜
Appetizer

碳烤海鮮與自製巴薩米克酒醋 ▸▸

材料 🍲

透抽	100g	白酒	30g	水梨	50g
草蝦	50g	匈牙利紅椒粉	5g	白蘿蔔	50g
波士頓龍蝦	一隻			紫洋蔥	50g
綠捲鬚生菜	10g	大蒜粉	5g	白酒醋	100g
櫻桃蘿蔔	10g	鹽巴	適量	水	150g
巴薩米克醋濃縮液	50g	黑胡椒	適量	糖	100g
		蒔蘿	適量		

做法 🥄

❶ 透抽、鮮蝦、波士頓龍蝦燙至七分熟後備用

❷ 透抽加入白酒(a)、匈牙利紅椒粉(b)、黑胡椒、鹽巴醃製備用(c)

❸ 燙熟的蝦肉切碎備用

❹ 將蝦碎肉塞入透抽(a)，噴火熗上色備用(b)

4 (a)

4 (b)

2 (a)

2 (b)

2 (c)

❺ 水梨、白蘿蔔、紫洋蔥加入白酒醋、糖、水煮滾後，放涼醃製一小時備用

❻ 巴薩米克醋濃縮液（做法參照第016頁）

❼ 擺盤即可

5

3

Tips

匈牙利紅椒粉有分成原味、辣味、煙燻味，建議使用原味或是煙燻味風味比較合適。

醉醺醺雞肉捲

材料 🥣

雞腿肉	150g	雞骨高湯	300g
枸杞	20g	紹興酒	100g
紅棗	20g	蕾絲水菜	20g
蔥	10g		

做法 🥄

❶ 雞腿肉去筋修肉(a)，以鹽巴、紹興酒調味捲起(b)，小火
蒸約20分鐘熟透備用

❷ 雞骨高湯與紹興酒1：1加入枸杞、紅棗(a)，煮滾後放
涼，雞肉捲泡入一天備用(b)

❸ 蔥切細絲泡冰水備用

❹ 擺盤即可

Tips

雞腿肉捲熟成時會容易裂開，建議修薄片一點再捲起才不
會影響美觀。

炸章魚腳佐煙燻甜椒醬

材料

章魚腳	450g	蒜苗	50g	月桂葉	1g
煙燻甜椒醬	50g	西芹	50g	小茴香籽	1g
蒜頭	50g	迷迭香	10g	橄欖油	30g
酸豆	10g	杜松子	5g	地瓜粉	50g
洋蔥	100g	黑胡椒粒	5g		

做法

❶ 洋蔥、蒜頭、蒜苗、西芹切塊備用

❷ 章魚腳加入迷迭香、杜松子、酸豆、黑胡椒粒、月桂葉、小茴香籽(a)，再加入橄欖油(b)，以85℃蒸3小時取出放涼備用

❸ 章魚腳切塊備用

❹ 章魚腳裹上地瓜粉(a)，以180℃油溫炸上色即可擺盤(b)

4 (a)

4 (b)

❺ 煙燻甜椒醬做法參照第017頁

2 (a)

2 (b)

Tips

香料先用乾鍋炒香後再和章魚一起烹調，風味更能融入。

3

炸絲瓜佐金莎醬

材料 🍶

絲瓜	200g	金莎醬	60g	蝦夷蔥　適量
鹹蛋黃	30g	中筋麵粉	90g	
雞蛋	2個	米酒	15g	

做法 🥄

❶　絲瓜切塊備用

❷　鹹蛋黃切碎備用

❸　兩個蛋黃加入一杯中筋麵粉、一杯冰水、1T米酒、鹹蛋黃碎 (a)，加入打發的蛋白拌勻後冷藏冰十分鐘成麵糊(b)

❹　絲瓜先裹麵粉(a)，再裹上面麵糊炸上色即可(b)

4 (a)

4 (b)

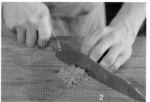
1

2

3 (a)

3 (b)

❺　金莎醬做法參照第015頁

❻　擺盤即可

Tips

麵糊酥脆的秘訣在於加入冰水及打發蛋白，炸出來的麵糊才會逢鬆酥脆。

鹽製鯖魚、青蘋果、青海苔

材料 🥣

鯖魚	150g	【海苔脆片】	
青蘋果	50g	西谷米	50g
青蘋果美乃滋	50g	海苔粉	60g
柴魚片	60g	水	300g
杜松子	20g	羅勒苗	適量
粗鹽	60g		
糖	60g		

做法 🥄

1. 鯖魚取菲力部分，洗淨後加入粗鹽、糖、柴魚片、杜松子醃製(a)，兩個小時後再以蘋果木醃燻20分鐘(b)，即可切片備用(c)

2. 青蘋果切成細條，泡鹽水備用

3. 海苔加入西谷米、水煮熟(a)，打成泥，以80℃烘乾約6個小時炸成脆片備用(b)

4. 青蘋果美乃滋做法參照第018頁

5. 擺盤即可

Tips

蘋果先浸泡鹽水，減少因接觸空氣而氧化、不美觀的情況。

生鮪魚雙味與日式和風醬

材料 🥣

黃鰭鮪魚	150g	白芝麻	10g	冷芝麻油	5g
小黃瓜	20g	魚子醬	30g	海鹽	適量
紫洋蔥	20g	西芹	10g	黑胡椒碎	適量
蝦夷蔥	5g	紅蘿蔔	10g		
和風醬汁	30g	芥末籽醬	20g		

做法 🥄

1 鮪魚、小黃瓜、紫洋蔥切小丁(a)，拌入冷芝麻油、海鹽、黑胡椒碎、蝦夷蔥碎、白芝麻備用(b)

2 黃鰭鮪魚先炙燒上色備用

3 鮪魚抹上芥末籽醬(a)，灑上白芝麻(b)，煎上色備用(c)

4 西芹、紅蘿蔔刨薄片泡冰水備用

5 和風醬汁做法參照第018頁

6 擺盤即可

Tips

用兩種不同的烹調方式來凸顯鮪魚的鮮甜風味。若沒有鮪魚也能用其他生魚片代替，例如鮭魚或鰤魚。

黑嘛嘛炸雞與白味噌醬汁

材料 🥣

雞腿肉	150g	米酒	20g	糖	60g
白芝麻	5g	雞蛋	一個	白味噌醬汁	50g
蒜頭	10g	麵粉	75g		
白味噌	20g	竹炭粉	5g		

做法 🥄

1. 雞腿肉切丁(a)，醃白酒、蒜頭、黑胡椒、白味噌、味醂、白芝麻備用(b)

2. 一顆雞蛋加入冰水一杯、米酒1t、麵粉一杯、竹炭粉1t、鹽巴1t拌勻成麵糊冰冰箱備用

3. 醃好的雞腿先裹上麵粉再裹上麵糊，以180℃油溫炸熟後，再調高油溫到200℃炸至酥脆即可

4. 白味噌醬汁做法參照第019頁

5. 擺盤即可

Tips

炸出酥脆外衣的秘訣，需要將麵糊冰在冰箱，要炸的時後再取出，才能達到酥脆的效果。

泰蝦了蒜味生蝦

材料 🍚

| 紅蝦 | 6隻 | 蒜苗 | 10g | 茴香頭 | 10g |
| 泰式蒜味汁 | 60g | 辣椒 | 10g | 茴香花 | 適量 |

做法 🥄

① 紅蝦去頭、去殼、去腸泥後，冰至冰箱備用

② 蒜苗(a)、辣椒(b)切極細絲

③ 茴香頭刨薄片泡冰水備用

④ 泰式蒜味汁做法參照第020頁

⑤ 擺盤即可

Tips

茴香頭泡冰水可以讓口感清脆。

韓式海鮮Q餅 🇰🇷

材料 🥣

中卷	80g	【韓式剪餅麵糊】	
草蝦仁	50g	中筋麵粉	200g
蟹肉	50g	糯米粉	100g
雞蛋	一顆	雞蛋	一顆
紅蘿蔔	30g	水	150g
洋蔥	30g	鹽巴	適量
韓國泡菜	30g	胡椒粉	適量
韓式沾醬	30g		

做法 🥄

① 中卷、草蝦仁、蟹肉用燙至9分熟泡冰水備用

② 中筋麵粉、糯米粉、雞蛋、水拌勻後用鹽巴、胡椒粉調味備用

③ 紅蘿蔔絲、洋蔥絲炒香(a)，加入泡菜放涼後加入步驟1、步驟2拌勻(b)

④ 取麵糊兩面煎至金黃色即可擺盤(a)(b)

1

2

3 (a)

4 (a)

4 (b)

⑤ 韓式沾醬做法參照第019頁

3 (b)

Tips

燙海鮮時加入鹽巴及白酒醋，可以增加海鮮Q彈的口感。若沒有白酒醋可用白醋替代。

普羅旺斯鹹派

材料 🥣

綠節瓜	50g	雞蛋	兩顆	【塔皮材料】	
黃節瓜	50g	瑞可達起士	50g	奶油	125g
茄子	50g			杏仁粉	100g
牛番茄	50g	鮮奶油	80g	低筋麵粉	150g
培根	30g	芝麻葉	適量	糖	15g
洋蔥	30g			鹽巴	5g
蒜苗	50g			雞蛋	60g

做法 🥄

① 奶油、杏仁粉、麵粉、糖、鹽巴、雞蛋用手拌勻成團(a)，冰進冰箱鬆弛15分鐘後入模壓平(b)

② 綠節瓜、黃節瓜、茄子、牛番茄切薄片備用

③ 炒香培根、洋蔥、蒜苗(a)，放涼後加入雞蛋、鮮奶油、瑞可達起士(b)，拌勻後入烤模(c)

④ 依序鋪上綠節瓜、黃節瓜、茄子、牛番茄(a)，以180℃烤箱烤約45分鐘(b)

⑤ 擺盤即可

Tips

派皮做好要冰起來，操作的時候比較不會黏手。

單元

3

湯
Soup

白洋蔥濃湯

材料 🍲

黃洋蔥	300g	白湯	500g	蝦夷蔥	10g
白洋蔥	200g	培根	80g	鮮奶油	適量
雞骨高湯	500g	紅蔥頭	50g		

做法 🥄

❶ 雞骨高湯（做法參照第012頁）加入白湯（做法參照第013頁）拌勻備用

❷ 炒香黃洋蔥、白洋蔥絲、紅蔥頭、培根

❸ 將炒香的蔬菜料加入步驟1(a)，打成濃湯狀後用鹽巴調味(b)

❹ 過濾後即可擺盤

Tips

洋蔥用小火炒軟、炒出甜味，注意不能讓洋蔥上色，否則會影響湯的顏色。

法式焦化洋蔥湯

材料 🍚

紅蔥頭	50g	牛澄清湯 （或蔬菜 高湯）	300g	白蘭地	50g
黃洋蔥	300g			鹽巴	適量
奶油	60g	法國麵包	20g	黑胡椒	適量
麵粉	60g	乳酪絲	20g	百里香	適量

做法 🥢

1. 紅蔥頭、洋蔥絲裹上麵粉炸上色備用
2. 小火慢炒洋蔥絲至金黃色(a)，加入白蘭地(b)
3. 炒香奶油、麵粉(a)，加入牛澄清湯（做法參照第014頁）(b)，煮濃稠後過濾再加入步驟2，用鹽巴、胡椒調味即可(c)
4. 法國麵包切片(a)，加入起士絲烤上色備用(b)

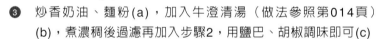

2 (a)

2 (b)

4 (a)

4 (b)

3 (a)

3 (b)

5. 擺盤即可

Tips

如需製作成素食，將牛澄清湯換成蔬菜高湯即可。

3 (c)

蛤蠣絲瓜濃湯

材料 🥣

蝦米	30g	絲瓜	200g	櫻花蝦	10g
蒜頭	30g	蛤蠣	150g	白湯	300g
老薑	30g	馬鈴薯	100g	紅酸模	適量

做法 🥄

① 炒香蝦米、蒜頭、薑絲

② 加入米酒濃縮

③ 加入絲瓜、蛤蠣、馬鈴薯煮至熟透

④ 將蛤蠣殼挑除(a)，加入白湯（做法參照第013頁）(b)，煮濃稠打成濃湯狀後以鹽巴調味(c)

⑤ 擺盤即可

Tips

蛤蠣殼打開後要立刻將肉挑出，才不會影響熟度及口感。

卡布奇諾蘑菇湯

材料

蘑菇	300g	白湯	500g	牛奶	20g
洋蔥	100g	牛奶	300g	鹽巴	2g
蒜頭	30g	【餅乾材料】		山蘿蔔葉	適量
百里香	5g	低筋麵粉	150g		
巴薩米克醋濃縮液	50g	砂糖	15g		
		橄欖油	40g		

做法

❶ 炒香蘑菇、洋蔥、蒜頭、百里香(a)，加入白酒(b)，加入巴薩米克醋濃縮液（做法參照第016頁）(c)，加入白湯（做法參照第013頁）(d)，煮約30分鐘後以鹽巴、胡椒調味，打成湯即可(e)

❷ 鮮奶加熱後打成奶泡備用

❸ 低筋麵粉、砂糖、橄欖油、牛奶拌勻(a)，壓成湯匙的形狀，以180℃烤箱烤約20分鐘，放涼後即可擺盤(b)

Tips

用大火將蘑菇炒香、炒上色。若溫度不夠，蘑菇的香氣出不來。

黑松露南瓜濃湯))

材料

南瓜	1000g	黑松露醬	20g	鮮奶油	30g
紅蘿蔔	300g	白松露油	5g	奶油	15g
洋蔥	200g	【南瓜烤蛋】		鹽巴	適量
雞骨高湯	1500g	南瓜泥	100g	紫蘇葉	適量
胭脂蝦	2隻	雞蛋	3顆		

做法

❶ 烤箱預熱200℃，南瓜對切淋上橄欖油(a)，烤上色後將皮去除搗成泥備用(b)

❷ 炒香洋蔥、紅蘿蔔(a)，加入雞骨高湯（做法參照第012頁）、南瓜泥煮約30分鐘即可用果汁機打勻，再以鹽巴調味(b)

❸ 南瓜烤蛋：南瓜泥加入雞蛋、鮮奶油、奶油、鹽巴、黑胡椒(a)，入模型後以150℃烤箱烤約20分鐘(b)

1 (a)

1 (b)

3 (a)

3 (b)

2 (a)

❹ 胭脂蝦煎上色即可以鹽巴調味

❺ 擺盤，最後放上黑松露醬及松露油即可

2 (b)

Tips

擺盤時淋上白松露油更增添風味。

4

義大利蔬菜湯))

材料 🍲

				【羅馬式麵疙瘩】	
洋蔥	150g	蒜頭	30g		
紅蘿蔔	100g	番茄糊	100g	高筋麵粉	200g
西芹	100g	義大利青醬	30g	玉米碎粒	50g
牛番茄	100g	鹽巴	適量	蛋黃	100g
日本圓茄	100g	日本水菜	適量	帕瑪森起士	50g
黃節瓜	50g	四季豆	5g	羅勒	10g
綠節瓜	50g				

做法 🥄

1. 羅馬式麵疙瘩：將高筋麵粉、玉米碎粒、蛋黃、帕瑪森起士、羅勒絲拌勻，用叉子塑形(b)，煮一鍋水將麵疙瘩燙熟備用(c)

2. 將洋蔥、紅蘿蔔、西芹、牛番茄、日本圓茄、黃節瓜、綠節瓜全部切成丁片狀，依序炒香備用

3. 炒香蒜頭後加入番茄糊(a)，步驟2後加入白酒、雞骨高湯（做法參照第012頁），煮約30分鐘後用鹽巴調味(b)

4. 擺盤，放上義大利青醬（做法參照第019頁）即可

Tips

1. 蔬菜依序炒香，讓湯品的香氣更濃醇。

2. 留一些綠節瓜丁片備用，最後加入擺盤使成品更美觀。

番茄冷湯與跳跳糖

材料

牛番茄	500g	蔬菜高湯	150g	跳跳糖	10g
西芹	50g	蛤蠣	30g	魚子醬	適量
小黃瓜	50g	紅蝦	1隻	金箔	適量
青蘋果	50g	北海道生干貝	60g	鮭魚卵	適量
羅勒	10g				

做法

1. 將牛番茄、西芹、小黃瓜、青蘋果、羅勒、蔬菜高湯（做法參照第013頁）(a)打成果汁(b)，加入蛋白(c)，以小火煮滾(d)，再過濾即可(e)

2. 北海道生干貝、小黃瓜切薄片備用(a)，蛤蠣燙熟取肉備用(b)，紅蝦用牙籤固定住，燙至五分熟即可取肉備用(c)

3. 擺盤，放上跳跳糖即可

Tips

小黃瓜、青蘋果要削皮後再打成汁，才不致影響湯品的顏色。

韓國大醬海皇湯

材料 🍲

洋蔥	80g	松葉蟹腳	80g	韓式辣椒粉 10g
白蘿蔔	60g	紅蝦	50g	香油 30g
蒜白	30g	透抽	50g	昆布高湯 800g
綠節瓜	30g	蒜頭	30g	
蛤蠣	50g	韓國大醬	100g	

做法 🥄

❶ 用香油炒香韓國大醬(a)，加入適量的水煮成醬汁備用(b)

❷ 先用砂鍋炒香洋蔥、蒜白、蒜頭、白蘿蔔、綠節瓜(a)，加入蛤蠣、昆布高湯（做法參照第013頁）(b)，加入松葉蟹腳、透抽、紅蝦、步驟1醬汁燉煮約20分鐘後即可盛盤(c)

Tips

韓國大醬跟韓式辣椒粉要用油炒過，香氣才會出來。

剝皮辣椒花雕雞清湯

材料 🍲

雞腿	一隻	香菜	20g	花雕酒	80g
剝皮辣椒	100g	雞胸肉	160g	鹽巴	適量
洋蔥	80g	蛋白	50g	蝦夷蔥	適量
蒜頭	30g	冰塊	50g		
中芹	60g	雞骨高湯	400g		

做法 🥢

❶ 雞腿去骨後加入鹽巴、花雕酒醃製(a)，放入剝皮辣椒(b)，接著捲起來(c)，以小火蒸熟後切塊備用(d)

❷ 將洋蔥、蒜頭、中芹、香菜、剝皮辣椒、雞胸肉全部切碎後，加入蛋白、冰塊、雞骨高湯（做法參照第012頁）

❸ 小火慢慢煮滾熬1小時(a)，再過濾即可(b)

❹ 擺盤即可

Tips

以西式澄清湯的手法呈現台式的口味，可說是中西合璧的一道湯品。

日式土瓶蒸

材料 🍚

雞腿	30g	鮮香菇	1朵
鯛魚片	30g	清酒	40g
蛤蜊	2顆	昆布高湯	150g
草蝦	1隻	鹽巴	適量
白果	2顆	檸檬	10g
魚板	1片		

做法 🥢

❶ 將雞腿、鯛魚片、蛤蜊、草蝦燙過後泡冰水備用

❷ 取白果、魚板、鮮香菇、清酒、昆布高湯（做法參照第013頁）、少許鹽巴(a)，放入土瓶蒸容器中(b)，大火蒸15分鐘(c)

❸ 裝飾、擺盤，放上檸檬角即可

Tips

將生鮮食材燙過，蒸出來的湯品更加清澈。

單元
4

主菜
Main Course

德式豬腳拼盤與自製酸菜

材料 🥣

豬腳	一隻	月桂葉	一片	【自製酸菜】	
洋蔥	100g	白胡椒粒	5g	蘋果	80g
西芹	50g	鹽巴	適量	洋蔥	80g
紅蘿蔔	50g	德式香腸	50g	紫高麗菜	200g
蒜苗	50g	法式芥末籽醬	適量	肉桂棒	1支
蒜頭	30g	蕾絲水菜	適量	糖	100g
杜松子	5g			白酒醋	100g

做法 🥄

1. 將豬腳過水燙過後泡冰水備用
2. 鍋內加入洋蔥、西芹、紅蘿蔔、蒜苗、蒜頭、杜松子、月桂葉、白胡椒粒、鹽巴、步驟1(a)，中火蒸煮約2個小時(b)，關火泡一個小時後將豬腳撈出，以180℃油溫將皮炸上色(c)
3. 德式香腸用煮豬腳的高湯煮熱後即可
4. 將蘋果絲、洋蔥絲、紫高麗菜絲炒香，加入白酒醋、糖、肉桂棒(a)，煮約20分鐘將水分收乾即完成自製酸菜(b)

4 (a)

4 (b)

5. 擺盤即可

Tips

豬腳先燙過比較不會產生豬肉腥味。

1

2 (a)

2 (b)

2 (c)

3

獵人式白酒燴雞

材料 🍲

雞腿	一隻	黃節瓜	20g	義大利番茄醬汁	100g
栗子	60g	洋蔥	50g		
無花果乾	60g	蒜頭	20g	蝦夷蔥	適量
綠節瓜	20g	白酒	50g		

做法 🥄

① 栗子蒸熟加入無花果乾(a)，打成泥備用(b)

② 將雞腿肉捲入栗子無花果泥(a)，小火蒸熟後放涼，再煎上色備用(b)

③ 將綠節瓜、黃節瓜切圓片煎上色備用

④ 炒香洋蔥、蒜頭並用白酒濃縮(a)，加入義大利番茄醬汁（做法參照第020頁）(b)，再加入步驟2燴煮約30分鐘(c)

⑤ 擺盤即可

Tips

如果偏好更濃郁的醬汁，可以加鮮奶油提升風味。

羅馬式番茄牛肉丸子

材料

法國麵包	100g	帕瑪森起士粉	80g	蒜頭	30g
牛奶	50g	巴西里	20g	百里香	10g
雞蛋	2顆	黑胡椒	5g	白酒	50g
洋蔥	300g	摩札瑞拉起士	50g	義大利番茄醬汁	240g
牛絞肉	400g				
豬絞肉	200g				

做法

1. 法國麵包去邊切小丁(a)，加入牛奶、蛋液備用(b)
2. 洋蔥碎小火炒香至焦糖化備用
3. 牛絞肉、豬絞肉、加入帕瑪森起士粉、巴西里碎、黑胡椒、步驟1、步驟2拌勻(a)，塑形成圓球後包入摩札瑞拉起士(b)，炸上色定形備用(c)

4. 炒香洋蔥、蒜頭、百里香後，加入白酒、義大利番茄醬汁（做法參照第020頁）(a)，再加入步驟3燉煮約1小時即可擺盤(b)

Tips

牛絞肉通常比較沒有油脂，所以會加一些豬絞肉增加油脂含量，吃起來才會多汁。

米蘭式紅酒燉牛臉頰

材料 🥣

牛臉頰肉	300g	紅酒	500g	【玉米糊】		
洋蔥	100g	牛骨高湯	500g	玉米碎粒	150g	
紅蘿蔔	50g	月桂葉	一片	牛奶	200g	
西芹	50g	小茴香籽	5g	雞骨高湯	300g	
紅蔥頭	30g	迷迭香	5g	奶油	50g	
蒜頭	30g	鹽巴	適量			
番茄糊	60g	黑胡椒	適量			

做法 🥄

① 牛臉頰肉醃製鹽巴、黑胡椒、迷迭香(a)，用橄欖油大火煎上色備用(b)

② 炒香洋蔥、紅蘿蔔、西芹、紅蔥頭、蒜頭、番茄糊(a)，加入紅酒、牛骨高湯（做法參第012頁）、月桂葉、小茴香籽，最後加入牛肉一起燉約3小時(b)

③ 玉米碎粒加入牛奶、雞骨高湯（做法參照第012頁）、奶油，煮至糊化熟透後成玉米糊即可擺盤

Tips

牛肉要先煎過再燉，才不會因為久燉而讓肉散掉。

西西里燉菜與千層茄子塔

材料

日本圓茄	150g	紅甜椒	50g	薄荷葉	3g
洋蔥	100g	番茄糊	60g	摩佐瑞拉起士	50g
蒜頭	20g	白酒醋	40g	食用花	適量
黃節瓜	50g	糖	40g		
綠節瓜	30g	羅勒	10g		

做法

❶ 日本圓茄切薄片(a)，用鹽巴、黑胡椒調味備用(b)

❷ 調味好的茄子煎上色備用

❸ 洋蔥、蒜頭、黃節瓜、綠節瓜、紅椒切小丁(a)，依序炒香加入番茄糊(b)，再加入白酒醋、糖、羅勒、薄荷葉煮約30分鐘即為燉蔬菜，再放涼備用(c)

❹ 依序放上茄子片、燉蔬菜、摩佐瑞拉起士片(a)，用180℃烤箱焗烤上色即可擺盤(b)

Tips

茄子要先煎過，香氣才出得來。

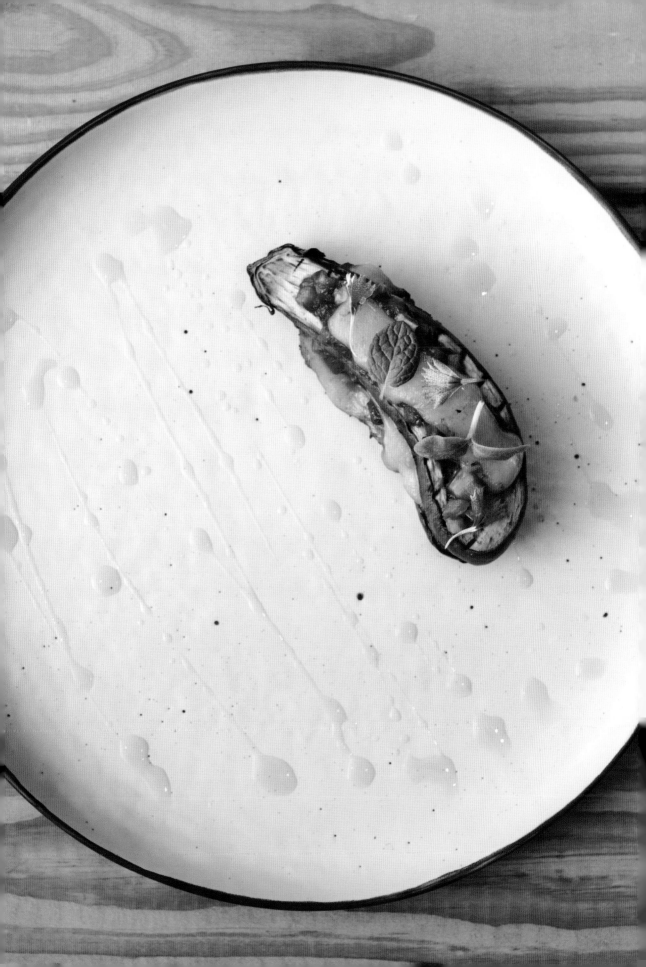

西班牙海鮮燉飯

材料 🥣

洋蔥	80g	小花枝	1隻	鹽巴	適量
蒜頭	30g	義大利米	100g	黑胡椒	適量
干貝	1顆	白酒	80g	羅勒	1g
草蝦	2隻	番紅花	1g	香菜	3g
貽貝	2顆	檸檬	30g		

做法 🥢

① 將洋蔥、蒜頭切碎(a)、炒香(b)，加入蛤蠣、草蝦、貽貝、透抽(c)，炒至海鮮七分熟後撈出備用(d)

② 在同一支鍋子放入義大利米，慢慢加入水與白酒煨煮至九分熟(a)，再加入番紅花、海鮮、檸檬汁、檸檬皮、羅勒(b)，最後加入海鮮並用鹽巴、黑胡椒調味即可(c)

③ 擺盤即可

Tips

因為義大利米和海鮮的熟成時間不同，所以海鮮要先炒至七分熟，最後再加進去拌至全熟，口感才不會過老。

泰式蝦醬與手工手指麵

材料 🥣

草蝦	150g	【手工手指麵】		
透抽	100g	蛋黃	150g	
泰式蒜味汁	50g	玉米碎粒	250g	
蝦膏湯	150g	帕瑪森起士粉	50g	
檸檬葉	兩片			

做法 🥄

❶ 將泰式蒜味汁（做法參照第020頁）加入蝦膏湯（做法參照第014頁），再加入檸檬葉煮約10分鐘備用(b)

❷ 草蝦與透抽切小丁後加入步驟1即成醬汁

❸ 蛋黃加入玉米碎粒、帕瑪森起士粉(a)，揉成麵糰後塑形成手指麵形狀，燙熟備用(b)

❹ 將步驟2、步驟3炒勻後即可盛盤

Tips

這道料理的特色是以義大利的烹調手法來呈現泰國料理，別具風味。

古早味麻油雞肉燉飯

材料 🥣

雞腿	一隻	白米	100g	鹽巴	適量
蒜頭	30g	雞骨高湯	300g	白胡椒	適量
老薑	50g	麻油	50g	枸杞	10g
洋蔥	40g	豬血糕	50g	香菜苗	適量

做法 🥄

❶ 豬血糕切薄片(a)，以80℃烤箱烘乾約3小時備用(b)

❷ 麻油小火爆香薑片、蒜頭(a)，撈除後(b)，放入雞腿並煎上色備用(c)

❸ 同一支鍋子炒香洋蔥碎、白米(a)，慢慢加入米酒、雞骨高湯（做法參照第012頁）小火煨煮至米飯熟透(b)，加入雞腿、枸杞拌勻後，以鹽巴、白胡椒調味即可擺盤(c)

Tips

用麻油小火爆香，提升薑片的香味。

台式三杯雞細扁麵🇹🇼

材料 🍲

細扁麵	100g	蔥	30g	九層塔	10g
雞胸肉	120g	紹興酒	50g	地瓜粉	50g
蒜頭	30g	醬油	30g	糖	適量
老薑	20g	白胡椒	適量	刺蔥	10g

做法 🥄

1 細扁麵用鹽巴水燙至9分熟備用

2 將雞胸醃製蒜頭、紹興酒、醬油、胡椒、九層塔、刺蔥、香油(a)，沾裹地瓜粉(b)，炸至焦香備用(c)

3 用麻油爆香薑末、蒜末、蔥末(a)，先加入紹興酒、醬油、糖後再放入步驟1(b)，最後加入步驟2、九層塔拌勻即可盛盤(c)

3（a）

3（b）

3（c）

1

2 (a)

2 (b)

2 (c)

Tips

炸好的雞肉要跟醬汁一起翻炒，味道才能充分融合。

美式名店火烤豬肋排 🇺🇸

材料 🥣

豬肋排	500g	威士忌	適量	大蒜粉	10g
薯條	200g	玉米筍	10g	橄欖油	適量
巴西里	50g	美式燒烤醬	150g	鹽巴	適量
青花菜	10g	雞骨高湯	500g	黑胡椒	適量
紅椒	10g	匈牙利紅椒粉	10g		

做法 🥄

1. 豬肋排醃製鹽巴、黑胡椒、匈牙利紅椒粉、大蒜粉、橄欖油(a)，用鋁箔紙封起來(b)，以160℃烤箱烤3個小時備用(c)

2. 烤好的豬肋排均勻抹上美式燒烤醬（做法參照第020頁）(a)，再以200℃烤箱烤5分鐘，此步驟重覆三次，最後在表面灑上威士忌酒即可(b)
3. 薯條炸上色用鹽巴、胡椒調味備用
4. 青花菜、紅椒、紅蘿蔔、玉米筍用雞骨高湯（做法參照第012頁）燙熟後，用鹽巴調味即可擺盤

Tips

如果沒有威士忌酒，可以用米酒或白酒代替。

甜點
Dessert

義式提拉米蘇

材料 🍮

【步驟1】		鮮奶油	200g	雞蛋	80g
蛋黃	60g	香草莢	1g	低筋麵粉	20g
糖	60g	【步驟2】		可可粉	40g
馬斯卡彭乳酪	500g	奶油	80g	杏仁粉	20g
咖啡酒	40g	糖	100g		

做法 🥄

1. 將蛋黃加入糖(a)，打至偏白色(b)，再加入軟化的馬斯卡彭乳酪、咖啡酒、鮮奶油、香草莢(c)，最後放入氮氣瓶中冷藏備用(d)

2. 可可餅乾：奶油加入糖打發後慢慢加入蛋液(a)，拌勻後篩入低筋麵粉、可可粉(b)，用180°C烤箱烤約15分鐘備用(c)

3. 手指餅乾沾咖啡濃縮液後擺盤

4. 灑上可可粉即可

Tips

將原本是幕斯狀的提拉米蘇打入大量空氣，製造整體的蓬鬆感及入口即化的口感。

台式提拉米蘇🇹🇼

材料 🍚

【花生糖】

花生	300g
二砂糖	150g
黑糖	50g

【起士乳末】

蛋黃	60g
糖	60g

馬斯卡彭乳酪	200g
麥茶	100g
鮮奶油	50g
香草莢	1g

【小西點】

雞蛋	一顆
砂糖	60g
蛋黃	兩顆
低筋麵粉	90g
糖粉	適量
香草精	1g

做法 🥄

1. 花生糖：花生乾鍋炒香(a)，加入二砂糖、黑糖(b)，打成花生糖備用(c)

2. 起士乳末：將蛋黃加入糖(a)，打至偏白色後，加入軟化的馬斯卡彭乳酪、麥茶、鮮奶油、香草莢(b)，最後放入氮氣瓶中冷藏備用(c)

3. 小西點：雞蛋加入蛋黃隔水加熱至40℃(a)，打發後過篩其他粉類材料(b)，再拌勻裝入擠花袋擠至烤盤(c)、灑上糖粉，以200℃烤箱烤約8分鐘(d)

4. 擺盤即可

Tips

以製作義大利提拉米蘇的手法呈現這道台味十足的甜點，將手指餅乾換成小西點、將可可粉換成花生糖，並將咖啡以麥茶取代，說它是台版提拉米蘇也不為過。

白糖粿與大甲芋頭的邂逅

材料

【白糖粿】

水	220g
砂糖	40g
糯米粉	250g

【包餡】

鹹蛋黃	20g

【大甲芋頭泥】

大甲芋頭	200g
糖	60g
鮮奶油	40g
奶油	30g
蜂蜜	15g

【烘乾芋頭片】

大甲芋頭	100g
海鹽	適量
糖粉	適量
橄欖油	適量

做法

1. 芋頭切薄片(a)，灑上海鹽、糖粉、橄欖油，以100℃烤箱烘烤約1小時備用(b)

2. 芋頭泥：芋頭用180℃烤箱烤約1小時(a)，熟透後趁熱拌進其他材料搗成泥備用(b)

3. 白糖粿：將所有材料放入鋼盆(a)，搓揉成團包入芋頭泥、鹹蛋黃(b)，炸上色、灑上糖粉即可擺盤(c)

Tips

包餡料時要注意不能露出內餡，否則炸的時候露出部分會散開或焦掉。

珍珠奶茶千層蛋糕

材料

【黑糖珍珠】		【奶茶卡士達】		【千層蛋糕】	
黑糖	35g	伯爵鮮奶茶	300g	低筋麵粉	160g
水	70g	蛋黃	60g	伯爵鮮奶茶	200g
樹薯粉	100g	玉米粉	30g	雞蛋	2顆
				奶油	30g
				奶茶卡士達	300g

做法

1. 黑糖珍珠：黑糖加水(a)，煮滾後加入樹薯粉(b)，拌勻搓成小圓球(c)，以水煮約30分鐘，撈出拌入黑糖粉備用(d)
2. 伯爵鮮奶茶加入蛋黃、玉米粉隔水加熱，做成奶茶卡士達
3. 低筋麵粉、伯爵鮮奶茶、雞蛋、奶油拌勻成麵糊(a)，用平底鍋煎成麵皮備用(b)

3 (a)

3 (b)

4. 每一片麵皮均勻抹上奶茶卡士達後，疊起冰至冰箱定形，即可擺盤

4

1 (a)

1 (b)

1 (c)

1 (d)

2

Tips

注意每一片麵皮抹上卡式達時要均勻，成品才會好看。

伯爵茶奶酪與可可土

材料 🍵

【鮮奶奶酪】		【伯爵茶奶酪】		【可可土】	
鮮奶	300g	伯爵鮮奶茶	500g	奶油	60g
鮮奶油	200g	吉利丁	6g	糖	60g
吉利丁片	6g			杏仁粉	50g
糖	45g			雞蛋	50g
				可可粉	30g
				杏仁片	20g

做法 🥄

❶ 鮮奶奶酪：吉利丁泡軟後擠乾水分(a)，加入牛奶液煮至吉利丁融化，即可倒入模型(b)

❷ 伯爵茶奶酪：吉利丁泡軟後擠乾水分，加入伯爵奶茶煮勻，即可倒入杯子冰至定形

❸ 可可土：打發奶油至偏白後，依序加入糖、蛋液、杏仁粉、杏仁片、可可粉(a)，拌勻後(b)，以180℃烤箱烤約30分鐘即可敲碎備用(c)

❹ 擺盤即可

Tips

吉利丁要泡冰水軟化，以免因高溫使其直接融化在水中。

日式花朵水信玄餅

材料 🥣

【黑糖蜜】		【水信玄餅】		【裝飾】	
黑糖	300g	熱水	250g	熟黃豆粉	適量
冰糖	50g	吉利丁	5g		
二砂糖	50g	糖	15g		
水	100g	食用花	1g		

做法 🥄

❶ 黑糖蜜：黑糖、冰糖、二砂糖乾鍋炒香，加水煮成黑糖蜜

❷ 水信玄餅：將熱水加入吉利丁、糖拌勻(a)，倒入模具中(b)，最後放入食用花即可放到冰箱，約2小時後定形取出備用

2 (a)

2 (b)

2 (c)

❸ 擺盤，灑上黃豆粉即可

雲朵般舒芙蕾與栗子蒙布朗

材料

【舒芙雷】		【栗子蒙布朗】		【栗子卡士達】	
雞蛋	2顆	栗子	300g	栗子蒙布朗	100g
君度橙酒	30g	鮮奶油	150g	蛋黃	兩顆
香草莢	1g	奶油	50g	牛奶	100g
奶油	10g	糖	70g	【裝飾】	
低筋麵粉	15g			草莓	10g
糖	30g			藍莓	10g

做法

1. 蛋黃加入糖、君度橙酒、香草莢、奶油、低筋麵粉拌勻備用
2. 打發蛋白(a)，打發至硬性發泡(b)，拌入步驟1(c)，用平底鍋煎上色即可(d)
3. 栗子蒸熟後加入奶油、鮮奶油、糖，打成泥放入擠花袋即可
4. 將步驟3加入蛋黃、牛奶隔水加熱即可成醬汁

Tips

「栗子蒙布朗」在法文中代表「白山（白色的小山脈）」，也可以想成「栗子泥」的概念，在造型上略做變化，讓輪廓更為精緻。

法式熔岩巧克力塔

材料

【巧克力塔皮】

奶油	75g
奶粉	25g
低筋麵粉	25g
可可粉	15g
杏仁粉	25g
雞蛋	50g
糖粉	25g

【裝飾】

草莓醬	少許
小蘋果	一顆
香草冰淇淋	一球

【巧克力內餡】

鈕扣巧克力	150g
奶油	100g
雞蛋	100g
糖	75g
蘭姆酒	30g
香草莢	1g

做法

1. 巧克力塔皮：將奶油、奶粉、低筋麵粉、杏仁粉、可可粉、糖粉拌勻(a)，加入蛋液搓成團(b)，放入模型內，以160℃烤箱烤約20分鐘備用(c)

2. 巧克力內餡：將巧克力隔水加熱融化後，加入糖、蛋液、奶油、蘭姆酒、香草莢(a)，填入塔皮內(b)，以160℃烤箱烤約20分鐘即可(c)

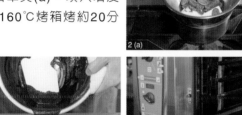

3. 擺盤，放上香草冰淇淋及草莓醬即可

Tips

巧克力隔水加熱時，水溫不能太高，以防巧克力出油或變質。

網紅千層抹茶毛巾捲

材料 🥣

【抹茶可麗餅】		抹茶粉	30g	【鮮奶紅豆內餡】	
低筋麵粉	150g	奶油	30g	馬斯卡彭乳酪	200g
全蛋液	100g	奶粉	30g	鮮奶油	100g
牛奶	150g	糖	60g	蜜紅豆	50g

做法 🧹

❶ 抹茶可麗餅：將低筋麵粉、全蛋液、牛奶、抹茶粉、奶油、奶粉用攪拌機打成麵糊(a)，以平底鍋煎成可麗餅皮備用(b)

❷ 鮮奶紅豆內餡：軟化馬斯卡彭乳酪後，加入打發的鮮奶油、蜜紅豆備用

❸ 抹上內餡(a)，兩端折起來(b)，接著捲起(c)，再灑上抹茶粉即可(d)

Tips

麵皮不可以煎太久，以免變脆而容易裂開，無法捲起。

泰式椰奶布丁鑲南瓜

材料 🥣

栗子南瓜	1顆	鹽巴	5g
【椰奶布丁】		香蘭葉	1束
雞蛋	4顆		
椰糖	100g		
椰漿	100g		

做法 🥄

① 將栗子南瓜頭部切出一個洞(a)，將籽挖出備用(b)

② 椰奶布丁：將雞蛋、椰糖、椰漿、鹽巴、香蘭葉抓勻(a)，靜置20分鐘(b)，過濾至南瓜內(c)，小火蒸1小時即可切割(d)

③ 擺盤即可

Tips

選用栗子南瓜的原因，是因為它和椰奶布丁的風味比較合拍。

國家圖書館出版品預行編目資料

餐桌上的異國料理：一次從沙拉學到甜點，擺
盤美學、器皿搭配、套餐設計一次GET！／李建
軒，歐家瑋編著. ――初版.――臺北市：五
南，2019.06
　　面；　公分
　　ISBN 978-957-763-442-9（平裝）

1.烹飪　2.食譜

427　　　　　　　　　　　　108007813

OL70

餐桌上的異國料理：
一次從沙拉學到甜點，擺盤美學、器皿搭配、套餐設計一次GET！

作　　者 ― 李建軒、歐家瑋

發 行 人 ― 楊榮川

總 經 理 ― 楊士清

總 編 輯 ― 楊秀麗

副總編輯 ― 李貴年

責任編輯 ― 何富珊

攝　　影 ― 楊政達

協助學生 ― 吳孟禧、吳昀龍、李品儀、洪維皓、胡承助
　　　　　　曾德元、黃琮瑞、蕭湇呈、謝佩蓉

出 版 者 ― 五南圖書出版股份有限公司

地　　址：106台北市大安區和平東路二段339號4樓

電　　話：(02)2705-5066　　傳　　真：(02)2706-6100

網　　址：https://www.wunan.com.tw

電子郵件：wunan@wunan.com.tw

劃撥帳號：01068953

戶　　名：五南圖書出版股份有限公司

法律顧問　林勝安律師

出版日期　2019年6月初版一刷
　　　　　2023年8月初版二刷

定　　價　新臺幣350元